Matthias Schopp

Handlungsorientierte Methoden in Geographieunterricht

Ein Unterrichtsversuch zum Alpenraum in Klasse 6 (Dokumentierte Unterrichtseinheit)

GRIN Verlag

Bibliografische Information der Deutschen Nationalbibliothek:

Die Deutsche Bibliothek verzeichnet diese Publikation in der Deutschen Nationalbibliografie; detaillierte bibliografische Daten sind im Internet über http://dnb.d-nb.de/ abrufbar.

Impressum:

Druck und Bindung: Books on Demand GmbH, Norderstedt Germany
ISBN: 978-3-656-74439-9

Dieses Buch bei GRIN:

http://www.grin.com/de/e-book/276618/handlungsorientierte-methoden-in-geographieunterricht

LANDESLEHRERPRÜFUNGSAMT Außenstelle beim Regierungspräsidium Stuttgart	STAATLICHES SEMINAR FÜR DIDAKTIK UND LEHRERBILDUNG Stuttgart

Zweite Staatsprüfung für die Laufbahn
des höheren Schuldienstes an Gymnasien

Dokumentation einer Unterrichtseinheit

Fach: Geografie

Thema: Handlungsorientierte Methoden im Geographie-Unterricht unter Einbeziehung selbstgestalteter Geländemodelle – Ein Unterrichtsversuch zum Alpenraum in Klasse 6

Verfasser: StRef Matthias Schopp

1. Inhaltsverzeichnis

2. Einleitung – Fragestellung und Ziel der vorliegenden Arbeit

Die Alpen stellen für Schülerinnen und Schüler[1] ein motivierendes Thema dar. Diesen Eindruck habe ich in meinen bisherigen Unterrichtserfahrungen im Praxissemester und dem 1. Ausbildungsabschnitt im Referendariat gewonnen. Zahlreiche Kinder kennen das Gebirge aus Reisen mit den Eltern und sind bemüht, eigene Erfahrungen und Vorkenntnisse im Unterricht einzubringen.
Dennoch lässt sich feststellen, dass der behandelte Unterrichtsstoff selten über einen längeren Zeitraum im Gedächtnis bleibt. Häufig ist das Erlernte schon nach wenigen Wochen vergessen. Dies lässt sich in nahezu allen Fächern und bei unterschiedlichen Themen beobachten.
Somit stellt sich die Frage, wie eine größere Nachhaltigkeit des Erlernten erzielt werden kann.

Die Arbeit trägt den Titel:

„Handlungsorientierte Methoden im Geographieunterricht unter Einbeziehung selbst gestalteter Geländemodelle – ein Unterrichtsversuch zum Alpenraum in Klasse 6.“

Ziel der Unterrichtseinheit ist es, die vermutlich große Motivation für das Thema aufrecht zu erhalten und gleichzeitig eine möglichst hohe Nachhaltigkeit im Wissenserwerb zu erreichen. Dies soll durch zwei Faktoren sichergestellt werden:

- **Handlungsorientierte Methoden:** Sie dienen der Schüleraktivierung und beziehen die ganze Klasse aktiv in das Unterrichtsgeschehen ein und sollen die Lernleistung durch das Ansprechen möglichst vieler Sinne steigern.
- **Bau von Modellen:** Innerhalb einer Kooperation mit dem Fach Kunst erstellen die Schüler eigene Geländemodelle einer Hochgebirgslandschaft. Diese Verknüpfung der Unterrichtsinhalte beider Fächer soll zu einer häufigeren, regelmäßigeren und intensiveren Auseinandersetzung mit dem Erlernten führen.

2.1. Bezug der Unterrichtseinheit zu den Bildungsstandards

Geografie[2]

Fachspezifische Methodenkompetenzen
Die Schülerinnen und Schüler können

- Basisinformationen aus Karten, Atlaskarten, Profilen, Diagrammen, Klimadiagrammen, Ablaufschemata, Statistiken, Modellen, Bildern, Luftbildern und Texten erfassen und einfache geographische Darstellungsmöglichkeiten selbst anfertigen;
- einfache (Modell-)Experimente durchführen und auswerten;

[1] Im Folgenden wird der Begriff „Schüler“ zusammenfassend für „Schülerinnen und Schüler“ verwendet.
[2] Ministerium für Kultus, Jugend und Sport Baden-Württemberg (Hrsg.) (2004): Bildungsstandards für Geographie im Rahmen der Fächerverbundes Geographie – Wirtschaft – Gemeinschaftskunde, Gymnasium – Klassen 6, 8 10, Kursstufe

Fachkompetenzen

4. Themenfeld: Natur-, Lebens- und Wirtschaftsräume in Europa

Die Schülerinnen und Schüler können

- im europäischen Raum Zusammenhänge zwischen Klima, Nutzung und Pflanzenwelt einerseits und den Lebensbedingungen andererseits aufzeigen;
- exemplarisch Naturereignisse und Naturkatastrophen in ihren Auswirkungen als Bedrohung der Menschen beschreiben;
- ein Hochgebirge Europas (Alpen) als Natur- und Lebensraum erfassen, die Gefährdung des Naturraumes durch menschliche Nutzungen aufzeigen und Handlungsperspektiven für eine zukunftsfähige Entwicklung in Hochgebirgsräumen nachvollziehen;
- die Bedeutung des Tourismus als bestimmenden Wirtschaftsfaktor und die daraus resultierenden Probleme in einer ausgewählten Region Europas darlegen.

***Bildende Kunst*[3]**

Im dreidimensionalen Bereich beschäftigen sich die Schülerinnen und Schüler mit Körper und Raum. Im spielerischen Umgang mit verschiedenen Materialien entsteht ein durch Erlebnis geprägter Zugang zu Raumbildung und Raumnutzung.

Die Schülerinnen und Schüler können

- in engem haptischen Kontakt mit dem Material plastische Werke schaffen, die sie auch aus unmittelbaren körperlichen Erfahrungen begreifen und entwickeln;
- sich im Umgang mit dem Material dessen Eigenschaften und Wirkungen erschließen;
- verschiedene Materialien erproben und diese zur Gestaltung von Raum, Baukörpern und Baugruppen nutzen;
- unterschiedliche formbare und feste Materialien einsetzen, unterschiedliche plastische Gestaltungen schaffen und unterschiedliche Zugangsweisen zum Bauen nutzen.

2.2. Klassensituation

Die dokumentierte Unterrichtseinheit wurde in der Klasse 6b unterrichtet. Die Klasse besteht aus insgesamt 25 Schülern. Davon sind 14 Jungen und 11 Mädchen. Aus dem ersten Ausbildungsabschnitt war mir die Klasse bereits bekannt. Ich habe einige Stunden bei einer Fachkollegin hospitiert und unter deren Anleitung die Einheit „Küsten" selbst unterrichtet. Zudem leite ich seit Ostern die Fußball-AG, in der die Hälfte der Klasse mitspielt.

Es handelt sich um eine freundliche und an geografischen Themen interessierte Klasse. Letzteres betrifft insbesondere die Jungen, die sich im Erdkundeunterricht bisher besonders hervorgetan haben. Das Leistungsniveau ist jedoch sehr unterschiedlich. Bisher handelt es sich auch um eine disziplinierte Klasse, in der

[3] Ministerium für Kultus, Jugend und Sport Baden-Württemberg (Hrsg.) (2004): Bildungsstandards für Bildende Kunst, Gymnasium – Klassen 6, 8 10, Kursstufe

stets eine angenehme Arbeitsatmosphäre herrschte. Schwierig gestaltete sich dagegen das Arbeiten in Gruppen, da einige Schüler nur sehr ungern mit manchen anderen zusammenarbeiten. Deshalb kommt der Gruppeneinteilung im Unterricht besondere Aufmerksamkeit zu.

2.3. Übergeordnete Teilkompetenzen

Fachliche Teilkompetenzen

Die Schüler sollen:

- Die Alpen als facettenreichen Natur- und Kulturraum anhand ausgewählter physio- und anthropogeografischer Aspekte kennen lernen.
- Die geologische Entstehungsgeschichte der Alpen in Grundzügen beschreiben und in diesem Zusammenhang stehende zentrale Begriffe (Decken, Falten) erklären können.
- Den hypsometrischen Formenwandel beschreiben und die einzelnen Höhenstufen nennen können.
- Charakteristische Formen glazialer Überprägung nennen und beschreiben, sowie in Zusammenhang mit dem Abschmelzen der Gletscher auftretende Probleme erklären können.
- Lawinen als Beispiel einer Naturgefahr im Alpenraum kennen lernen, Entstehungsbedingungen und Unterschiede einzelner Lawinentypen nennen, und die natürliche Schutzfunktion des Bergwaldes beschreiben können.
- Die touristische Bedeutung der Alpen erklären können.
- Den Widerstreit zwischen Ökologie und Ökonomie anhand eines konkreten Beispiels nachvollziehen und erklären können.
- Die Probleme der Bergbauern als einen Teil der lokalen Bevölkerung beschreiben können.

Methodische und affektive Teilkompetenzen

Methodische und affektive Lernziele sind häufig eng miteinander verknüpft. In den Unterrichtsstunden mit physiogeografischem Schwerpunkt stehen das selbstständige Lernen und Arbeiten anhand von Schülerversuchen, Laufdiktat und Lernzirkel, sowie praktisches Arbeiten am Modell im Vordergrund. In den Stunden, die anthropogeografische Themen beinhalten, sollen die Schüler Basisinformationen aus Texten herausarbeiten, sich in Personen hineinversetzen und deren Positionen anhand von Diskussionsrunden begründet vertreten können. Generell soll die Klasse für die im Alpenraum auftretenden Konflikte zwischen Natur und Wirtschaft sensibilisiert und zu eigenen Stellungnahmen angeregt werden.

2.4. Fachwissenschaftliche Analyse

- **Entstehung der Alpen:** BÄTZING (2003) unterscheidet drei Hauptphasen, die zum heutigen Landschaftsbild der Alpen geführt haben. Während der Sedimentationsphase von vor 200 Mio. – 100 Mio. Jahre drifteten Europäische und Afrikanische Platte auseinander, das Thetys-Meer entstand. In vier Trögen, die durch schmale Landrücken voneinander getrennt waren, fand Sedimentation unter unterschiedlichen regionalen Bedingungen statt.

Während der alpidischen Faltung von vor 100 Mio. – 20 Mio. Jahren verschwand durch eine nordwärts gerichtete Bewegung der Afrikanischen Platte das Thetys-Meer. Die Sediment-Pakete wurden zunächst gefaltet und dann übereinander geschoben, es entstanden Falten und Decken. Durch die alpidische Hebung (seit 20 Mio. Jahren) erhielten die Alpen Hochgebirgscharakter.[4]

- **Hypsometrischer Formenwandel:** Der hypsometrische Formenwandel wird (im Gegensatz zum peripher-zentralen, planetarischen und westöstlichen) von BÄTZING, als „der grundlegendste Formenwandel, der den gesamten Alpenraum gleichermaßen prägt“[5], bezeichnet. Er verleiht den Alpen seine charakteristische Gestalt aus grünen Tälern, mit Wald bestandenen Hängen, offenen Almwiesen und steilen Felswänden. Einheitliche Höhenangaben sind nicht zu treffen, da die jeweilige Vegetation von zahlreichen anderen Faktoren (Exposition, Böden, Lage in den Alpen) bestimmt wird. Durch die Abnahme der Temperatur mit der Höhe, sowie gewöhnlich eine Zunahme des Niederschlages, der in höheren Regionen oft als Schnee fällt[6], haben sich die typischen Höhenstufen ausgebildet:

    - nivale Stufe: Fels- und Eisstufe
    - alpine Stufe: Mattenstufe
    - subalpine Stufe: Nadelwaldstufe
    - montane Stufe: Laubwaldstufe
    - kolline Stufe: Landwirtschafts- und Siedlungsstufe

- **Glaziale Formung:** Für die Ausprägung des heutigen Landschaftsbildes zeigt sich vornehmlich die glaziale Überprägung des Alpenraumes im Pleistozän verantwortlich. Niedrige Jahresdurchschnittstemperaturen begünstigten die Akkumulation von Schneemassen, aus denen schließlich die Gletscher entstanden und über Jahrtausende das Relief veränderten[7]. Heute findet man zahlreiche glaziale Spuren wie Trogtäler, Moränen, Gletscherschliffe, u.v.a.m. Die rezente Vergletscherung verleiht den Alpen Hochgebirgscharakter. Beispielhaft lassen sich in vielen Teilen der Alpen noch heute die landschaftsprägenden, glazialmorphologischen Prozesse beobachten.

- **Gletscherschwund:** Seit dem Höhepunkt des Gletschervorstoßes, im Rahmen der Kleinen Eiszeit Mitte des 19. Jahrhunderts, schwinden die Gletscher auch im alpinen Raum Jahr für Jahr. Seit den 1970er Jahren haben die Alpengletscher rund ein Drittel ihrer Fläche und etwa die Hälfte ihres Volumens verloren[8]. Dies zieht gravierende Folgen für Mensch und Umwelt nach sich: Die Höhengrenzen werden sich verschieben, Pflanzen und Tiere müssen sich an ihre neue Umgebung anpassen. Ebenso ist eine Zunahme der Naturgefahren zu befürchten, etwa wenn Lockermaterial, das nicht mehr vom Gletscher bedeckt ist, durch Starkregen ins Tal gespült wird. Weiterhin

---

[4] vgl. BÄTZING, Werner (2003): Die Alpen. München, Beck, S. 25ff

[5] BÄTZING, Werner (2003): Die Alpen. München, Beck, S. 34

[6] vgl. LESER, Hartmut (Hrsg.) (2001): Wörterbuch Allgemeine Geographie, S. 337f

[7] vgl. LIEDTKE, Herbert & Joachim MARCINEK (Hrsg.) (2000): Physische Geographie Deutschlands. Gotha, S. 649ff

[8] vgl. MAISCH, Max & Wilfried HAEBERLI (2003): Die rezente Erwärmung der Atmosphäre – Folgen für die Schweizer Gletscher. In: Geographische Rundschau, 55

verlieren die Talwände infolge der mangelnden Stabilisierung durch die Gletscher an ihrer Basis und das Auftauen des Permafrostes ihre Stabilität – Felsstürze sind die Folge. Nicht zuletzt werden Skigebiete auf Dauer unrentabel, denn die ausbleibenden Schneemassen müssen durch aufwändige Beschneiungsmaßnahmen kompensiert werden.[9]

- **Lawinen:** Als Lawinen bezeichnet man „ruckhaftes und rasches Niedergehen von Schnee und Eis in einem Hang auf einer Gleitschicht im Schnee oder auf dem Untergrund. Es werden Lockerschnee- /trockener Schnee), Festschnee- (nasser Schnee), und Eislawinen unterschieden. Lawinen sind häufige Ereignisse und lagern bilanzmäßig beachtliche Schneemengen um. Die wichtigsten Einflüsse auf die Entstehung von Lawinen sind: Hangneigung und Oberflächengestaltung, Mächtigkeit, Zusammensetzung und Schichtung des Schnees, Temperatur und Beschaffenheit des Untergrundes (Schutt- und Vegetationsdecken). Lawinen entstehen bereits auf Hängen von 10° Neigung; häufiger treten sie jedoch auf mehr als 20° geneigten Hängen auf.“[10] Dem Bergwald kommt eine zentrale Rolle beim Schutz vor dieser Naturgefahr zu, als „Bannwald“ haben die Bäume zwischen 1400m und 1800m (Nordalpen) eine wichtige Funktion.

- **Widerstreit zwischen Ökonomie und Ökologie:** Die Alpen stellen ein Gebiet dar, in dem beispielhaft Konflikte zwischen dem Naturraum und dessen Nutzung auftreten. Wenngleich das Gebirge seit Jahrhunderten wirtschaftlich genutzt wird, und etwa die Almen erst durch Viehhaltung zu ihrer heutigen Vegetationszusammensetzung kamen, so geben doch die einschneidenden Auswirkungen auf die Natur durch die Trends der letzten fünfzig Jahre hin zum Massentourismus immer wieder Anlass dieser Entwicklung entgegenzuwirken. Nicht selten sehen die Gemeinden großzügig geplante und oft realisierte Tourismus-Projekte als einzigen Ausweg aus der wirtschaftlichen Perspektivlosigkeit. Gründe dafür sind im Freizeitverhalten der Reisenden zu suchen. Kurztripps durch Billigflieger sind für viele Urlaubsuchende attraktiver als ein Wochenende in den Alpen. Das Motto „Spaß und Action“ erhielt daher in den letzten Jahrzehnten auch Einzug in den alpinen Raum. Neuere Trends wie „Sanfter Tourismus“ oder „Ökotourismus“ scheinen jedoch für immer mehr Gemeinden ein Schlüssel zum Erfolg zu sein – ein Beispiel dafür stellt die Gemeinde Lesachtal in Kärnten dar. Auch immer mehr Bergbauern versprechen sich von einem solchen Konzept eine Perspektive.

2.5. Methodisch-didaktische Analyse

- **Aufbau der Unterrichtseinheit:** Für die Unterrichtseinheit Alpen stehen laut Vorschlag des Schulcurriculums zwölf Unterrichtsstunden zur Verfügung. Ich halte einen dreiteiligen Aufbau der Einheit für sinnvoll: Zunächst werden einige topografische Grundlagen gelegt und das Thema „Verkehr in den

[9] vgl. ABEGG, Bruno & Hans ELSASSER (1996): Klima, Wetter und Tourismus in den Schweizer Alpen. In: Geographische Rundschau, 48, S. 737-742, sowie Seydlitz, Geographie 2, S.149
[10] LESER, Hartmut (Hrsg.) (2001): Wörterbuch Allgemeine Geographie, Diercke, S. 462

Alpen“ behandelt. Diese beiden Stunden stehen zeitlich vor dieser Dokumentation und sollen der Klasse einen ersten Zugang zur Thematik verschaffen. Anschließend stehen ausgewählte physiogeografische Aspekte im Vordergrund. Die Entstehungsgeschichte der Alpen sowie Höhenstufen und glaziale Überprägung als Charakteristika des Alpenraumes müssen unbedingt Eingang in die Unterrichtsreihe finden. Eine Stunde zu Lawinen – ein für Schüler besonders Interessantes Thema – steht exemplarisch für alpine Naturgefahren. Schließlich werden im kulturgeografischen Teil Nutzungskonflikte zwischen Wirtschaft und Naturschutz bzw. aktuelle Probleme der lokalen Bevölkerung behandelt. Den Abschluss bildet eine Wiederholungsstunde mit anschließender Lernstandsdiagnose.

- **Handlungsorientierte Methoden:** Die Erarbeitung des jeweiligen Unterrichtsgegenstandes soll vorwiegend durch handlungsorientierte Methoden erfolgen. Davon verspreche ich mir eine nachhaltigere Lernleistung, da diese Untersuchungen zufolge deutlich ansteigt, je mehr Sinne am Lernen beteiligt sind. Dies lässt sich von 20% bei reinem Zuhören, auf über 90% durch aktives Mitwirken steigern. Schülerorientierte Lernformen wie Laufdiktat, Stationen-Lernen, Schülerversuche und Rollenspiel werden im Unterricht eingesetzt. Weiterhin soll auf diese Weise eine größtmögliche Einbeziehung aller Schüler aus der Klasse stattfinden.

- **Bau und Einsatz der Geländemodelle:** Der Einsatz von Geländemodellen verspricht viele Vorteile: So kann beispielsweise die Dreidimensionalität behandelte Sachverhalte deutlich besser veranschaulichen, als dies durch den Einsatz von Bildmaterial möglich wäre. Weiterhin kann man Versuche direkt am Modell durchführen und muss nicht durch unrealistische Nachbauten abstrahieren. Ein von mir gestaltetes Lehrermodell wird zu diesem Zweck einige Male eingesetzt. Parallel zum Erdkunde-Unterricht bauen die Schüler im Fach Bildende Kunst eigene Alpen-Modelle in Kleingruppen. Unterschiedliche Schwerpunkte (z.B. Jahreszeiten) können die Schüler in einem grob gesteckten Rahmen selbst setzen. Die Schülermodelle dienen vorwiegend dazu, die im Erdkundeunterricht erlernten geografischen Aspekte, im Kunstunterricht praktisch umzusetzen. Auf diese Weise soll eine intensivere Auseinandersetzung mit dem Thema „Alpen“ stattfinden. Weiterhin werden die behandelten Inhalte zum Abschluss der Unterrichtseinheit anhand der Schülermodelle wiederholt.

- **Binnendifferenzierung:** Da ich die Klasse bereits im ersten Ausbildungsabschnitt eine Zeit lang unterrichtet habe, ist mir die heterogene Zusammensetzung bekannt. Einige Schüler (etwa 5-6) arbeiten sehr zügig und ordentlich. Einige andere (etwa 3-4) benötigen für die gleichen Aufgaben deutlich mehr Zeit. Die Rücksprache mit Kollegen ergab, dass dies auch in anderen Fächern der Fall ist, und dass diese Schüler bereits im letzten Jahr versetzungsgefährdet waren. Die Heterogenität macht eine Binnendifferenzierung innerhalb der Stunden nötig, die meistens durch Fundamentum und Additum hergestellt wird, um Unterschiede im Arbeitstempo auszugleichen.

3. Beschreibung, Durchführung und Auswertung der Unterrichtsstunden

3.1. Erste Stunde: Entstehung der Alpen

Teilkompetenzen: Die Schüler sollen
- die Entstehungsgeschichte der Alpen in groben Zügen beschreiben können.
- die Begriffe „Decke“ und „Falte“ erklären können.
- (erklären können, warum man die Alpen als „junges Gebirge“ bezeichnet.)

Unterrichtsverlaufsplan

Zeit	U-Schritt	Inhalt	Methode/ Sozialform	Medien
3	Einstieg	Zeitungsüberschrift ➔Entstehung der Alpen	UG	Folie, OHP
5	Erarbeitung I	Schüler erhalten AB ➔ Text gemeinsam lesen evtl. Rückfragen klären	 SV UG	AB
8	Überleitung	„Handtuchversuch“ in Kleingruppen	S-Versuch/ GA	3 Handtücher pro Gruppe
17	Erarbeitung II	Schüler beschriften Blockbilder auf dem AB ➔ Schnelle Schüler gestalten Folienschnipsel (ggfs. eigene Schnipsel einsetzen) ➔ *1. Binnendifferenzierung*	EA/PA EA	AB
		ggfs. 2. *Binnendifferenzierung*: ➔ Alpen als „junges Gebirge“	EA	laminierte Kärtchen
8	Sicherung	Schnelle Schüler tragen ihre Antworten der Klasse vor	SV	Folienschnipsel OHP
3	Abschluss	Zurück zur Ausgangsfrage ➔ Kurze Schülererklärung am Modell	UG/SV	Modell
1	HA	Geologische Schichten in das Modell eintragen	LV	Tafel

Beschreibung der Stunde

Nachdem in den ersten beiden (nicht in der DUE enthaltenen) Stunden der Unterrichtseinheit „Alpen“ vorrangig topographische Gegebenheiten behandelt wurden, beginnt mit der Entstehungsgeschichte des Gebirges der physiogeografische Teil.

Der Einstieg in Form eines Rätsels soll für einen problemorientierten und gleichzeitig motivierenden Zugang zur Thematik sorgen: *„Wie kommt der Fisch auf 2000m Höhe?“* Nach ersten Spekulationen seitens der Schüler wird zum Stundenthema übergeleitet.

Während der ersten Erarbeitungphase bekommen die Schüler anhand eines Textes (vgl. Seydlitz, Geographie 2, S. 140, gekürzt, verändert) einen Überblick über die Alpenentstehung. Durch einige gezielte Rückfragen soll das Textverständnis

sichergestellt werden. Weiterhin werden die Begriffe „Falte“ und „Decke“ noch einmal besprochen.
Anschließend sollen durch den (im Buch beschriebenen) Handtuchversuch die Entstehungsprozesse während der alpidischen Gebirgsbildung didaktisch reduziert nachgestellt werden[11]. Jeder Schüler hatte die Aufgabe, ein Handtuch (möglichst farbig) in diese Stunde mitzubringen. Muscheln und Schnecken symbolisieren die Meeresablagerungen, sodass in diesem Unterrichtsschritt ein erster inhaltlicher Rückbezug zur Ausgangsfrage stattfindet.
Da es mir wichtig erscheint, dass die Schüler als schriftliches Ergebnis ein Nebeneinander aus Bild und Text besitzen, habe ich für die Ergebnissicherung ein Arbeitsblatt gestaltet, welches die Stadien der Reliefentwicklung grafisch darstellt. Die Schüler sollen die Bilder auf dem Arbeitsblatt mit Hilfe des Textes im Schulbuch, sowie dem im Versuch Erlernten, mit Bleistift beschriften. An dieser Stelle soll binnendifferenziert werden: Die leistungsstarken und schnellen Schüler sollen ihre Antworten zusätzlich (sofern diese richtig sind) auf Folienschnipsel übertragen. Da dieser Schritt nur für vier Schüler möglich ist, findet möglicherweise eine zweite Binnendifferenzierung statt.
Anschließend werden die Ergebnisse von den Schülern am OHP vorgetragen und ggfs. durch die Klasse ergänzt bzw. korrigiert. Dieser Unterrichtsschritt hat für Sechstklässler erfahrungsgemäß eine Art „Belohnungscharakter“.
Abschließend wird ein Bezug zur Ausgangsfrage hergestellt und der Inhalt der Stunde durch einige Schüler kurz zusammengefasst. *„Beschreibt mit Hilfe des Erlernten, warum man in den Alpen auf 2000m Höhe versteinerte Fische finden kann!“* Das Modell (Kopfseite mit geologischen Schichten) dient dabei als Unterstützung. Als Hausaufgabe soll die Gruppe, deren Modell ebenfalls die geologischen Schichten enthält, diese im Kunstunterricht einzeichnen.

Auswertung

Stärken der Stunde

- Der Einstieg in Form eines Rätsels motivierte die Klasse und führte zur einer breiten Beteiligung im ersten Unterrichtsgespräch. Einige Schüler verfügten über ein fundiertes Vorwissen.
- Der Handtuchversuch konnte die Entstehungsgeschichte der Alpen auf einem für Schüler der 6. Klasse geeigneten Niveau brachte eine Aktivierung der gesamten Klasse mit sich.
- Das Beschriften der Folienschnipsel durch die Schüler, die zügig richtige Lösungen fanden, führte bei diesen zu einer großen Motivation.

Alternativmöglichkeiten/mögliche Probleme

- Der Handtuchversuch funktioniert nur, wenn alle Schüler ihre Hausaufgabe der vorangehenden Stunde erledigen. Da ich davon ausgegangen bin, dass einige dies vergessen, habe ich drei Handtücher als Ersatz mitgebracht. Da allerdings sechs Schüler ihr Handtuch vergessen hatten, mussten diese den anderen Gruppen zugeteilt werden. Damit jeder Schüler den Versuch einmal machen konnte, gab es zwei Durchläufe.
- Die Binnendifferenzierung („Alpen als junges Hochgebirge“) war für die Schüler etwas zu schwierig. Es fiel ihnen schwer, die Erdgeschichte auf den Verlauf eines Jahres zu übertragen. Durch den ersten Teil zur

[11] Das Schulbuch wurde hier bewusst nicht eingesetzt, damit die Schüler nicht schon das Ergebnis des Versuchs sehen können. Daher wurde auch für den Text ein Arbeitsblatt erstellt.

Binnendifferenzierung (Folie beschriften), betraf dies allerdings nur zwei Schüler.

- Ebenso wie das Beschriften von Folien und Vortragen für die schnellen Schüler motivierend ist („Belohnungscharakter"), wirkt dies für andere aus der Klasse demotivierend. Deshalb sollte ein solches Element sparsam eingesetzt werden, um die schwächeren Schüler nicht dauerhaft zu enttäuschen.

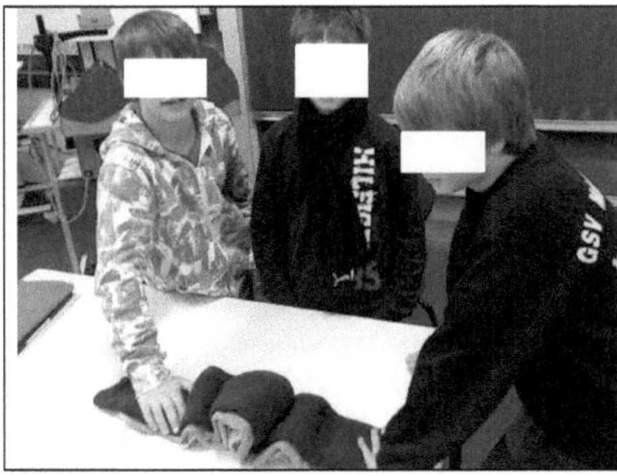

Abb.:
Einige Schüler führen den Handtuchversuch zur Entstehung der Alpen durch.

3.2. Zweite Stunde: Höhenstufen

Teilkompetenzen: Die Schüler sollen

- die Höhenstufen der Alpen nennen können.
- die Änderung der Vegetation in Abhängigkeit der Temperaturveränderung beschreiben können.
- (die Abnahme der Temperatur mit der Höhe erklären können.)

Unterrichtsverlaufsplan

Zeit	U-Schritt	Inhalt	Methode/ Sozialform	Medien
4	Einstieg	Kurzgeschichte: „Familie Unfried in den Alpen" → UG → Thema: Höhenstufen in den Alpen	LV UG	Kurzgeschichte Tafel
4	Erarbeitung I	Kurzfilm Bergbesteigung → Schüler beobachten die Landschaft	---	Kurzfilm
5	Überleitung	Relaxationsphase und Wiederholung des Gesehenen am Modell	UG	---
17	Erarbeitung II	Schüler erhalten und bearbeiten AB	EA Laufdiktat	AB, Modell Info-Karten
		ggfs. *Binnendifferenzierung*: → Entstehung der Höhenstufen	EA	laminierte Kärtchen

10	Sicherung	Schüler tragen richtige Antworten in Folie ein	SV	AB als Folie
3	Abschluss	Rückbezug zur Ausgangsfrage	UG/SV	Modell
2	HA	Höhenstufen im Modell farblich darstellen, Bäume basteln	LV	OHP, Folie

Beschreibung der Stunde

Der Einstieg in die Stunde „Höhenstufen“ erfolgt über eine Kurzgeschichte. Familie Unfried plant eine Bergwanderung. Trotz schönen Wetters bestehen die Eltern auf warmer Kleidung und Handschuhe (in Anlehnung an Seydlitz, Geographie 2, S. 152). Der Sohn der Familie ärgert sich über das Verhalten seiner Eltern. Die Klasse soll mutmaßen, warum die Eltern ihre Kinder dazu anhalten, den Kälteschutz mitzunehmen. Da ein Großteil der Klasse bereits selbst ihre Ferien in den Alpen verbracht hat, ist davon auszugehen, dass ein breites Vorwissen vorhanden ist: In der Höhe wird es kälter. Anschließend wird das Stundenthema an der Tafel sichtbar gemacht.

Die erste Erarbeitungsphase erfolgt durch einen Kurzfilm. Die Klasse hat den Auftrag, während des Films auf das Aussehen der Landschaft zu achten. In den vergangenen Jahren habe ich mehrere Kinder- und Jugendfreizeiten vorwiegend in den Allgäuer Alpen geleitet und mit den Teilnehmern zahlreiche Bergtouren unternommen. Aus den Bildern einer Besteigung des Großen Widdersteins im Kleinwalsertal habe ich den vierminütigen, mit Musik unterlegten, Film erstellt. Von eigenen Bildern verspreche ich mir ein hohes Interesse seitens der Schüler. Weiterhin können sich diese sehr gut mit dem Film identifizieren, da häufig Kinder desselben Alters zu sehen sind.

Es folgt eine kurze Relaxationsphase mit spontanen Äußerungen der Schüler. Daraufhin kommen die Beobachtungen der Klasse zur Veränderung der Landschaft zur Sprache. Zur Unterstützung und Veranschaulichung wird das Lehrermodell hinzugezogen.

Die zweite Erarbeitungphase bildet den Kern der Stunde. Im Rahmen eines Laufdiktats haben die Schüler die Aufgabe, eine vorbereitete Tabelle auszufüllen. Die notwendigen Informationen erhalten sie sowohl aus dem Modell (kleine Schilder mit den Namen der Höhenstufen) als auch aus im Klassenraum angebrachten Info-Tafeln (Höhe, Vegetation, Nutzung). Das Laufdiktat soll den Schülern Bewegung im Unterricht ermöglichen. Da das Arbeitsblatt am Platz liegen bleiben muss soll zudem die Konzentrationsfähigkeit gefördert werden. Da auch bei diesem Unterrichtsschritt Unterschiede in Bezug auf das Arbeitstempo zu erwarten sind, wird an dieser Stelle binnendifferenziert. Leistungsstarke Schüler erhalten die Möglichkeit, sich den Grund der Temperaturänderung mit der Höhe zu erschließen.

Die Ergebnisse des vorherigen Unrterrichtsschritts werden anschließend am OHP auf einer vorbereiteten Folie gesichert. Dabei sollen insbesondere auch schwächere Schüler zum Zug kommen („Belohnungscharakter“).

Abschließend wird noch einmal auf die Ausgangssituation eingegangen: „Warum müssen die Kinder warme Sachen mitnehmen? Welche Höhenstufen haben sie durchwandert?“ Als Hausaufgabe sollen die Schüler kleine Bäumchen basteln und im Kunstunterricht ihr Modell entsprechend der Höhenstufen farblich gestalten.

Auswertung

Stärken der Stunde

- Die im Kurzfilm enthaltenen eigenen Bilder und Erfahrungen des Lehrers weckten bei den Schülern ein besonders großes Interesse. Einige Schüler schlugen vor, im Rahmen eines Schullandheims selbst eine solche Bergtour zu unternehmen.

- Das Laufdiktat sorgte für eine Schüleraktivierung der gesamten Klasse.
- Durch die Einbeziehung des Lehrermodells konnte ein hoher Grad der Anschaulichkeit hergestellt werden.
- Die erwarteten Leistungsunterschiede der Klasse wurden durch Binnendifferenzierung zeitlich ausgeglichen.
- Das eigene Beschriften der Folie durch die Schüler (v.a. schwächere Schüler, vgl. Anm. Stunde 1) trug ebenfalls zur Motivation bei.

Alternativmöglichkeiten/mögliche Probleme

- Aus Zeitgründen wurden nur einige Aspekte des hypsometrischen Formenwandels bearbeitet. Eine Differenzierung in Nord-, Zentral- und Südalpen fand nicht statt. Dies hätte als Transferleistung als Hausaufgabe gegeben werden können. Jedoch könnte dadurch eine Verwirrung der Schüler durch zu viele unterschiedliche Höhenangaben entstehen, was dem Aspekt der Nachhaltigkeit widerspricht. Daher habe ich mich auf die Höhenstufen in den Nordalpen beschränkt.
- Alternativ zum Laufdiktat wäre auch eine arbeitsteilige Gruppenarbeit denkbar gewesen, innerhalb der die Schüler je eine Höhenstufe behandeln und sich anschließend in der Gruppe darüber austauschen könnten. Dafür wäre jedoch der Aspekt der „Bewegten Schule“ ebenso wie die Veranschaulichung am Modell weggefallen, weshalb ich mich dagegen entschieden habe.
- Falls aus zeitlichen Gründen das Eintragen der richtigen Antworten durch die Schüler nicht mehr möglich ist, empfiehlt es sich eine vorbereitete Folie mit den richtigen Antworten zu verwenden, die innerhalb eines Unterrichtsgesprächs nach und nach aufgedeckt wird. Im Fall der von mir unterrichteten Stunde stand jedoch noch genügend Zeit zur Verfügung. Diesen Schritt hätte man etwas spannender und anspruchsvoller gestalten können, indem die Klasse beim Zusammentragen der Ergebnisse ihr Arbeitsblatt mit der ausgefüllten Tabelle umdreht.

3.3. Dritte Stunde: In der Welt des Eises I

Teilkompetenzen: Die Schüler sollen

- die Entstehung von Gletschereis beschreiben können.
- ausgewählte typische Spuren glazialer Formung erklären können.
- (die Entstehung eines Trogtales erklären können.)

Unterrichtsverlaufsplan

Zeit	U-Schritt	Inhalt	Methode/ Sozialform	Medien
5	Einstieg	Gekritztes Geschiebe als originaler Gegenstand ➔ UG	UG	Gekritztes Geschiebe
5	Überleitung	Nennung des Themas: In der Welt des Eises ➔ ggfs. Rückbezug zur Ausgangsfrage	LV UG	Tafel

	Wiederholung	➔ Thema der letzten Stunde (Höhenstufen) ➔ Bezug zum heutigen Thema	SV	---
5	Erarbeitung I	Schüler erhalten AB 1 und lesen Text, ggfs. Rückfragen klären	SV/UG	AB 1
25	Erarbeitung II + Sicherung	Einteilung der Klasse in 8 Kleingruppen à 3-4 Schüler ➔ Mini-Lernzirkel zum Thema „Gletscher“ anhand 3 Stationen (jew. 3 mal vorhanden)	GA; Stationen-Lernen; Schüler-Versuch	Material Stationen-Lernen; AB 2
		ggfs. *Binnendifferenzierung:* ➔ Entstehung eines Trogtals	EA	laminierte Kärtchen
2	Hausaufgabe	Ausschneiden und Einkleben der Erklärung zu den 3 Versuchen		AB 3
3	Abschluss	Rückbezug zur Ausgangsfrage	UG	

Beschreibung der Stunde

Die Auswirkungen der glazialen Überprägung sind das Thema der beiden folgenden Stunden. Zunächst stehen Spuren glazialer Formung im Mittelpunkt. Dafür bietet es sich an, mit einem originalen Gegenstand (gekritztes Geschiebe) in die Stunde einzusteigen. Die Schüler sollen Vermutungen anstellen, wie die Kratzer auf den Stein kommen. Anschließend wird zum Stundenthema übergeleitet: „In der Welt des Eises“. Sollten die Schüler nicht auf die Lösung kommen (Kratzer entstehen durch Gletscher), kann an dieser Stelle noch einmal nachgefragt werden. Anschließend erfolgt ein kurzer Rückbezug zur letzten Stunde.

Zunächst wird mit Hilfe eines Textes und einer Abbildung (Seydlitz, Geographie 2, S. 142) geklärt, was ein Gletscher eigentlich ist, bzw. wie Gletschereis entsteht. Anschließend können eventuelle Rückfragen geklärt werden.

Das zentrale Element der Stunde bildet ein Lernzirkel. Anhand von drei Stationen sollen sich die Schüler glaziale Prozesse selbst erschließen. Zunächst erfolgt eine Einteilung der Klasse in acht Gruppen. Eine kleine Gruppengröße (3-4 Schüler) erscheint mir sinnvoll, da nur so jeder Schüler selbst aktiv werden kann. Gerade bei den hier behandelten glazialen Prozessen bieten sich Schülerversuche an. Die Prozesse sind mit einfachen Mitteln nachzustellen, und durch die Praxisorientierung ist von einer nachhaltigen Lernleistung auszugehen.

Jede der drei Stationen ist dreimal vorhanden. Die Stationen sind wie folgt aufgebaut (vgl. Seydlitz, Geographie 2, S. 144):

- Das Eiswürfel-Experiment: An dieser Station können die Schüler lernen, wie durch den Druck des Eises Kratzer im Gestein entstehen.
- Das Gefrierbeutel-Experiment: Mit Hilfe eines wassergefüllten Gefrierbeutels können die Schüler Moränen nachbilden.
- Das Flaschen-Experiment: Hier kann die Klasse das Prinzip der Frostsprengung beobachten.

Bei jeder Station gilt es zunächst die Stationenkarte zu lesen. Daraufhin wird das jew. Experiment durchgeführt, und die Beobachtungen auf dem Arbeitsblatt aufgeschrieben. Schließlich können die Schüler auf der Infokarte nachlesen, wie dieser Prozess im Gebirge abläuft. Nach je sieben Minuten erfolgt ein Wechsel zur nächsten Station. Sollte eine Gruppe eher fertig sein, erhält sie eine Zusatzaufgabe zur Entstehung eines Trogtales (vgl. Seydlitz, Geographie 2, S. 145).

Die Informationen auf den Infokarten erhalten die Schüler gegen Ende der Stunde auf einem separaten Arbeitsblatt. Diese sollen sie als Hausaufgabe ausschneiden und unter ihre jew. Beobachtung kleben.
Abschließend wird noch einmal der originale Gegenstand gezeigt. Die Schüler sollen mit Hilfe des Erlernten die Entstehung von Kratzern auf dem Stein beschreiben und weitere glaziale Prozesse erklären.

Auswertung
Stärken der Stunde

- Der auf Selbstständigkeit und Handlungsorientierung ausgerichtete Zugang zur Thematik durch das Lernen an Stationen sorgte für eine große Motivation bei den Schülern.
- Die praktische Auseinandersetzung mit der Materie brachte einen hohen Grad der Anschaulichkeit mit sich

Alternativmöglichkeiten/mögliche Probleme
Diese Stunde erforderte eine sehr genaue Planung sowie eine größere Vorbereitungszeit vor der Stunde. Es galt dabei folgendes zu bedenken:

- Da der Raum aus Zeitgründen bereits für die spätere Gruppenarbeitsphase (Gruppentische für das Stationen-Lernen) hergerichtet sein sollte, eignen sich eher solche Stunden, die nach einer großen Pause liegen, bzw. die erste Stunde.
- Für die Aufbewahrung der Eiswürfel und der gefrorenen Wasserflasche ist ein Kühlfach in der Schule, bzw. eine Kühlbox vonnöten.
- Für die reibungslose Durchführung der Stunde bedarf es einer sehr disziplinierten Klasse, da es sonst aufgrund des verwendeten Materials zu einer Verschmutzung des Raumes kommen kann.

➔ Insgesamt lässt sich festhalten, dass es eine Unterrichtsstunde mit einem außergewöhnlich hohen Materialaufwand war. Dennoch ist dieser nach meinem Erachten wegen der hohen Schüleraktivierung und des praxisnahen, anschaulichen Lernens durchaus gerechtfertigt.

3.4. Vierte Stunde: In der Welt des Eises II

Teilkompetenzen: Die Schüler sollen

- wesentliche Elemente einer Gletscherlandschaft nennen können.
- Ursachen des Gletscherschwundes nennen können.
- ausgewählte alpine Gefahren in Zusammenhang mit dem Abschmelzen der Gletscher beschreiben können.

Unterrichtsverlaufsplan

Zeit	U-Schritt	Inhalt	Methode/ Sozialform	Medien
5	Einstieg	Bild von Ötzi, zunächst ohne Bildüberschrift ➔ UG ➔ Thema: Abschmelzen der Gletscher	UG	Bild auf Folie Ötzi

9	Erarbeitung I	Schüler lösen Papp-Schnur-Aufgabe, Tipps auf Kärtchen an der Tafel	EA/PA ggfs. Laufdiktat	AB auf festem Papier, Tipp-Kärtchen
	währenddessen HA-Kontrolle	➔ Lehrer kontrolliert HA der letzten Stunde	---	Heft
4	Sicherung I	Vergleichen der Lösung, ggfs. Korrektur	UG	AB
7	Überleitung + Erarbeitung II	Wo könnte man Ötzi gefunden haben? Text Schulbuch lesen, evtl. Rückfragen klären.	UG SV	 SB, S. 148f
8	Transfer	Versuch am Modell: „Das Abschmelzen der Gletscher." Wassergefüllter Gefrierbeutel als Gletscher, unten leicht aufschneiden	L-Versuch UG	Modell, Gefrierbeutel mit Wasser gefüllt, kleine Steine
10	Erarbeitung III + Sicherung	Schüler beschreiben mit Hilfe von SB und Modellversuch Ursachen und Folgen des Gletscherschwundes	EA	SB, Heft
2	Abschluss	Rückbezug zum Beginn	UG	---

Beschreibung der Stunde

Mit einem Bild der Gletschermumie Ötzi steige ich in die vierte Stunde ein. Es ist zu erwarten, dass Ötzi einigen Schülern bekannt ist. In einem ersten Unterrichtsgespräch sollen die Schüler mutmaßen, warum die Leiche so gut erhalten ist, und warum man ihn erst heute gefunden hat (➔ das Eis schmilzt).

Vor dem eigentlichen Stundenthema „Abschmelzen der Gletscher" wird an die vorausgehende Stunde angeknüpft, indem die Schüler in einer Pappschnuraufgabe zentrale Elemente eines Gletschers benennen. Dieser Schritt hätte inhaltlich eher in die letzte Stunde gepasst, was zeitlich aber dort nicht umsetzbar gewesen wäre. Die Pappschnur-Methode habe ich ausgewählt, da sie sich sowohl gut für diese Unterrichtsphase eignet, als auch das methodische Können der Klasse erweitert. Eine kurze Zwischensicherung rundet den Unterrichtsschritt ab.

Nachdem die Schüler den Gletscher-Aufbau kennen gelernt haben, können sie mutmaßen, an welcher Stelle eines Gletschers man die Leiche entdeckt haben könnte (➔ Gletscherrand, Abschmelzen). Auf diese Weise wird zum eigentlichen Stundenthema zurückgekehrt. Anhand des Textes im Schulbuch werden Gründe und Folgen des Gletscherschwundes erarbeitet.

Anschließend findet ein Versuch am Modell statt, der die Folgen durch das Auftauen des Permafrostes und durch die Destabilisierung der Felswände beim Abschmelzen des Gletschers veranschaulicht. Ein wassergefüllter Gefrierbeutel wird auf dem Modell platziert. Einige Steine werden als Felswände an die Ränder gelegt und der Gefrierbeutel unten aufgeschnitten. Dieser Versuch stellt das Abschmelzen der Gletscher im Zeitraffer dar. Die Steine rutschen in Tal und bedrohen die Siedlungen. Die Schüler erhalten nun die Aufgabe, ihre Beobachtungen unter Einbeziehung der Informationen aus dem Schulbuch, ins Heft zu schreiben.

In Form eines abschließenden Unterrichtsgesprächs werden die Inhalte der Stunde durch die Schüler zusammengefasst.

Auswertung

Stärken der Stunde

- Der Stundeneinstieg sorgte für eine hohe Motivation bei den Schülenr. „Ötzi“ war fast der gesamten Klasse bekannt. Es schloss sich ein Unterrichtsgespräch mit breiter Beteiligung an, in dem zahlreiche Schüler eigene Vorkenntnisse einbrachten.
- Die Methode der ersten Erarbeitungsphase („Pappschnuraufgabe“) war den Schülern bisher nicht bekannt. Diese Aufgabe bereitete der Klasse viel Freude.
- Der Modellversuch konnte die Problematik im Zusammenhang mit dem Gletscherschwund sehr gut veranschaulichen.

Alternativmöglichkeiten/mögliche Probleme

- Insbesondere bei der ersten Erarbeitungsphase bieten sich zahlreiche Alternativmöglichkeiten. Vom einfachen Zuordnen in tabellarischer Form bis hin zu Puzzle- oder Domino-Aufgaben ist hier vieles denkbar. Die Pappschnuraufgabe bietet sich an dieser Stelle aber besonders gut an und hat den Schülern viel Freude bereitet. Allerdings muss die Aufgabe recht aufwändig vorbereitet werden.
- Ähnlich wie in der vorausgegangenen Stunde war auch hier der Materialaufwand hoch. Der Modellversuch muss exakt vorbereitet und erprobt werden. Eine Durchführung des Modellexperiments durch die Schüler sehe ich als problematisch an. Zum einen besteht wiederum die Gefahr einer Verschmutzung des Raums. Zum anderen könnten die Modelle durch das Wasser leicht beschädigt werden. Deshalb habe ich mich für einen Demonstrationsversuch am Lehrermodell entschieden. Dabei musste ich in Kauf nehmen, dass nicht alle Schüler einen optimalen Blick auf das Modell hatten, sodass ich das Experiment zweimal durchgeführt habe.
- Durch den Modellversuch wird nur eine Folge des Gletscherschwundes veranschaulicht, dies dafür recht eindrücklich.

3.5. Fünfte Stunde: Lawinen

Teilkompetenzen: Die Schüler sollen

- die Entstehungsbedingungen von Lawinen nennen können.
- unterschiedliche Lawinentypen beschreiben können.
- die Schutzfunktion des Bergwaldes erklären können.

Unterrichtsverlaufsplan

Zeit	U-Schritt	Inhalt	Methode/ Sozialform	Medien
4	Einstieg	Fantasiereise Alpenurlaub ➔ Plötzliches Abspielen von Lawinengeräuschen ➔ UG ➔ Thema: Lawinen	LV UG	CD-Player
5	Überleitung	Überprüfen von Vorwissen am Modell	UG	Modell

8	Erarbeitung I	Schüler erhalten und bearbeiten AB (je 3 – in einem Fall 4 – Schüler mit unterschiedlichen Lawinentypen)	EA	AB 1-3
8	Erarbeitung II	Jeweils 3 (bzw. 4) Schüler ergänzen gegenseitig fehlende Spalten in der Tabelle	GA	AB 1-3
		ggfs. *Binnendifferenzierung:* ➔ Informationen zu Lawinen	EA	SB S. 150f
7	Sicherung	Tafelbild erstellen: Tabelle Lawinentypen	UG/SV	Tafel/AB
3	Überleitung	Was könnte Schutz vor Lawinen bieten? ➔ Einige Bilder zu Lawinenschutzmaßnahmen und Schutzfunktion des Bergwaldes	UG	Bilder auf Folie/OHP
6	Transfer	➔ Versuch am Modell zum natürlichen Schutz des Bergwaldes	L-Versuch	Modelle, Mehl
2	Hausaufgabe	Schutzfunktion des Bergwaldes in eigenen Worten erklären	LV	Tafel
2	Abschluss	Zusammenfassung Lawinen	SV	---

Beschreibung der Stunde

Die fünfte Stunde schließt der physiogeografischen Teil der Unterrichtseinheit ab. Der Einstieg zum Thema „Lawinen“ erfolgt in Form einer Fantasiereise. Die Schüler legen im etwas abgedunkelten Raum den Kopf in die Arme auf den Tisch. Sobald Ruhe eingekehrt ist erzähle ich eine kurze Geschichte. Die Schüler sollen sich in die Situation versetzen, dass sie im Schullandheim nach einem anstrengenden Skitag im Bett liegen und das Erlebte noch einmal Revue passieren lassen. Nach einiger Zeit ertönt ein plötzliches Donnern. Danach wird das Licht wieder eingeschaltet. In einem ersten Unterrichtsgespräch sollen die Schüler Assoziationen zu dem Geräusch äußern. *„Was könnte passiert sein?“* Möglicherweise antworten die Schüler mit *„Gewitter“* oder *„Explosion“*. Da einige aus der Klasse aber bereits über Alpenurlaube und in diesem Zusammenhang über Lawinen berichtet haben, ist es gut möglich, dass *„Lawinen“* eine der ersten Antworten ist. Anschließend wird das Stundenthema an der Tafel sichtbar gemacht.
Am Modell sollen die Schüler nun spekulieren, welche Voraussetzungen zur Entstehung von Lawinen nötig sind (*„Wo wäre hier mit Lawinen zu rechnen?“*). Die Entstehungsbedingungen lassen sich am Modell wahrscheinlich deutlich besser nachvollziehen als in einem einfachen Unterrichtsgespräch.
In der folgenden Erarbeitungsphase sollen die Schüler unterschiedliche Lawinentypen kennen lernen. Dazu werden zunächst Dreiergruppen gebildet. In Form einer arbeitsteiligen Gruppenarbeit beschäftigt sich je ein Schüler (in einem Fall 2) aus der Gruppe mit einem Lawinentyp und füllt mit Hilfe der Informationen aus dem Text seine Spalte der Tabelle auf dem Arbeitsblatt aus. Anschließend werden die nicht behandelten Lawinentypen innerhalb der Gruppe ergänzt, sodass jeder Schüler die gesamte Tabelle ausgefüllt auf dem Arbeitsblatt vor sich hat. Da damit zu rechnen ist, dass die Gruppen unterschiedlich schnell arbeiten, findet hier eine Binnendifferenzierung statt. Die schnellen Schüler sollen sich im Schulbuch S. 150 den Text zu Lawinen durchlesen.

Die Ergebnissicherung erfolgt durch ein von der Klasse erstelltes Tafelbild. Zunächst bekommen die Schüler den Auftrag, das vor ihnen liegende Arbeitsblatt umzudrehen (vgl. Anm. Stunde 2). Daraufhin kommen einzelne Schüler zur Tafel und tragen unter kurzer Erklärung die richtigen Antworten in die vorbereitete Tabelle ein.
Neben den unterschiedlichen Lawinentypen liegt der zweite Schwerpunkt der Stunde auf dem Bergwald als natürlichem Schutz vor Lawinen. Dazu werden zunächst einige Bilder auf Folie gezeigt, um zu Lawinenschutzmaßnahmen hinzuführen. Je nach verbleibender Zeit kann hier in der Anzahl der gezeigten Bilder beliebig variiert werden, sodass dieser Schritt auch als zeitlicher Puffer dienen kann. Definitiv soll aber das Bild der Gebirgslandschaft (Bild 5, Anhang) gezeigt werden. Damit kommt die Schutzfunktion des Bergwaldes zur Sprache.
Um diese wichtige natürliche Schutzfunktion zu veranschaulichen, findet anschließend ein Versuch am Modell statt. Der Schnee wird durch Mehl dargestellt, welches an zwei Stellen über das Modell gestreut wird. In vegetationsfreien Bereichen rutscht das Mehl sofort zu Tal, es entsteht eine kleine Lawine. An einer Stelle habe ich einen „Bergwald“ eingebaut; dort haftet das Mehl an.

Abb.:
Der Mehlversuch verdeutlicht die Schutzfunktion des Bergwaldes.

Die Schutzfunktion des Bergwaldes sollen die Schüler in einer schriftlichen Hausaufgabe unter Einbeziehung des im Modellversuch Gesehenen wiederholen. Abschließend sollen die wichtigsten Stundeninhalte (Entstehungsbedingungen und Unterschiede von Lawinen, Schutzmaßnahmen) durch einige Schüler noch einmal kurz zusammengefasst werden.

Auswertung

Stärken der Stunde

- Das Thema Lawinen wurde durch die Schüler bereits mehrfach in vorangegangenen Gesprächen erwähnt. Einige Schüler berichteten von Lawinenabhängen während ihrer Skiurlaube. Somit war dieses Thema für die Klasse besonders spannend und erzielte den höchsten Motivationsgrad aller der hier vorgestellten Stunden.

- Der Einstieg durch die Fantasiereise war besonders gelungen. Die Phase, in der die Schüler mit dem Kopf in den Armen auf dem Tisch lagen, diente nebenbei der Beruhigung. Währenddessen und danach waren die Schüler besonders diszipliniert.
- Der Modellversuch konnte ein weiteres Mal den Unterrichtsgegenstand sehr gut veranschaulichen.

Alternativmöglichkeiten/mögliche Probleme

- Da es sich um ein für Schüler interessantes und spektakuläres Thema handelt, hätte sich der Einsatz bewegter Bilder in Form eines Videoclips angeboten.
- Aus Zeitgründen kam es nicht mehr zu einer Besprechung aller Bilder zu Lawinenschutzmaßnahmen. Lediglich das erste (Lawinenverbauungen) und das fünfte Bild (Bergwald) konnten noch gezeigt werden.
- Besonders bei der Durchführung des Versuchs zum Schutz des Bergwaldes bieten sich Alternativmöglichkeiten an. So hätte der Versuch auch durch die Schüler selbst in Kleingruppen durchgeführt werden können. An den Modellen war dies jedoch nicht möglich, da diese zum Zeitpunkt der Unterrichtsstunde noch nicht alle soweit fertig waren. Stattdessen hätte man ein Brett mit Nägeln nehmen können. Auch hier (vgl. Stunde 4) sehe ich es allerdings als problematisch an, Schüler eigenverantwortlich mit Mehl hantieren zu lassen. Zudem kostet es zuviel Zeit und der Grad der Anschaulichkeit liegt bei einem Lehrerversuch ähnlich hoch.

3.6. Sechste Stunde: Vom Bergdorf zum Ferienzentrum

Teilkompetenzen: Die Schüler sollen

- die wirtschaftliche Bedeutung des Alpentourismus beschreiben können.
- die damit verbundenen negativen Folgen nennen können.
- Argumente aus einem Text herausarbeiten und diese in einer Podiumsdiskussion vertreten können.
- die unterschiedlichen Positionen zum Bau eines Skigebietes vergleichen können.

Unterrichtsverlaufsplan

Zeit	U-Schritt	Inhalt	Methode/ Sozialform	Medien
5	Einstieg	Bildvergleich (Bilder nacheinander aufdecken) ➔ Kontrast der zeitlichen Dimension: ➔ Thema: Vom Bergdorf zum Ferienzentrum	LV UG	Folie, OHP
3	Überleitung	Einteilung der Klasse in zwei Hauptgruppen mit je 3 Untergruppen	LV	---
10	Erarbeitung	Schüler erhalten und bearbeiten AB in Kleingruppen und schreiben Argumente auf Zettel	GA	AB Bunte Zettel Arbeitsauftrag

		→ währenddessen HA-Kontrolle → *Binnendifferenzierung* durch unterschiedlichen Anspruch der Arbeitsblätter		auf Folie, OHP
10	Präsentation	→ Klasse diskutiert im Plenum miteinander, einzelne Schüler bringen Argumente auf Zetteln an die Tafel	Podiums-Diskussion	Bunte Zettel, Magnete
11	Sicherung	Schüler übernehmen Argumente von der Tafel ins Heft	EA	Tafel, Heft
5	Abschluss	Abschließende Stellungnahme seitens der Schüler	UG	Folie, OHP
1	HA	Gestaltet in eurem Modell eine Tourismuslandschaft (Hotels, Liftanlagen, Pisten, etc...)	LV	---

Beschreibung der Stunde

In der sechsten Stunde wechselt der Schwerpunkt der Thematik von physiogeografischen zu kulturgeografischen Inhalten. Dennoch kommen behandelte Aspekte zum Naturraum (Schutzfunktion des Bergwaldes, Lawinen) wieder zur Sprache.

Für die Erarbeitung des Themas „vom Bergdorf zum Ferienzentrum" bietet es sich an, über einen Bildvergleich (Kontrast der zeitlichen Dimension) in die Stunde einzusteigen, da auf diese Weise Veränderungen im Orts- und Landschaftsbild gut zum Ausdruck kommen. Die Besprechung der Bilder folgt dem Schema vom einfachen Beschreiben hin zur Interpretation. Anschließend wird zum Stundenthema übergeleitet.

Es findet eine Einteilung der Klasse in zwei Haupt- mit jeweils drei Untergruppen statt (→ 4-5 Schüler pro Gruppe). Dafür wird der Raum so hergerichtet, dass sich die Schüler für die folgende Podiumsdiskussion gegenübersitzen. Die Kleingruppen erhalten den Auftrag, Argumente aus einem Text (Pro- und Contra zum Bau eines Skigebietes) herauszuarbeiten und diese einzeln auf Zettel zu schreiben. Damit sollen Kompetenzen wie Textverständnis und das gezielte Herausarbeiten zentraler Informationen gefördert werden. Während dieses Unterrichtsschritts ist die Aufgabenstellung dauerhaft über den OHP sichtbar. Eine Binnendifferenzierung erfolgt durch leichte Schwierigkeitsunterschiede der einzelnen Texte. Parallel dazu findet die Kontrolle der letzten Hausaufgabe statt.

In einer anschließenden Podiumsdiskussion sollen sich die Schüler über den Bau des Skigebietes austauschen und jeweils ihre Argumente zur Sprache bringen. Die Zettel werden an die Tafel geheftet, was gleichzeitig als Vorbereitung für die Sicherungsphase dient. Schließlich übernehmen die Schüler das entstandene Tafelbild ins Heft. Diese Methode soll die Motivation steigern, da eigene Ergebnisse der Klasse an der Tafel stehen. Ggfs. wird das Tafelbild von mir ergänzt bzw. korrigiert.

Abschließend sollen die Schüler unter Einbeziehung der erarbeiteten Argumente persönlich Stellung beziehen. Eine Abstimmung zum Bau des Skigebietes rundet die Stunde ab.

Als Hausaufgabe erhalten einige Schüler den Auftrag, in ihrem Modell eine Tourismuslandschaft zu gestalten.

Auswertung

Stärken der Stunde

- Die Erarbeitung des Themas in Form einer Podiumsdiskussion erweiterte das methodische Können der Klasse. Die Beteiligung während der Diskussion war hoch, einige Schüler konnten sich gut in die Position ihrer gespielten Person hineinversetzen und verteidigten leidenschaftlich ihre Argumente.
- In der abschließenden Stellungnahme durch die persönliche Meinung der Schüler ergab sich ebenfalls eine rege Beteilung. Es zeigte sich, dass die Schüler für die unterschiedlichen Interessen sensibilisiert wurden, und eine eigene Meinung vorbringen konnten.

Alternativmöglichkeiten/mögliche Probleme

- Trotz genauer Arbeitsanweisung (groß, leserlich, in Druckbuchstaben schreiben) setzten einige Schüler dies nicht um und schrieben ganze Sätze auf die Blätter, bzw. gestalteten die Zettel durch Verzierungen aus. Dies erschwerte die anschließende Sicherung und wurde deshalb von mir durch die entsprechenden Argumente ersetzt.
- Zudem haben nach wie vor einige aus der Klasse Probleme mit der Rechtschreibung. Auch in diesem Fall mussten die Zettel von mir korrigiert werden.
- Es wäre durchaus möglich gewesen, einen leistungsstarken Schüler als Diskussionsleiter einzusetzen. Dies erschien mir jedoch in einer 6. Klasse als Überforderung, weshalb ich diese Rolle selbst übernommen habe.

3.7. Siebte Stunde: Bergbauern ohne Zukunft?

Teilkompetenzen: Die Schüler sollen

- die Probleme einer Bergbauernfamilie in der heutigen Zeit nennen können.
- Argumente aus einem Text herausarbeiten können.
- sich in eine andere Person hineinversetzen und deren Argumente anhand eines Rollenspiels vortragen können.
- einen eigenen Standpunkt beziehen können.

Unterrichtsverlaufsplan

Zeit	U-Schritt	Inhalt	Methode/ Sozialform	Medien
5	Einstieg	Bild eines Bergbauernhofes ➔ Thema: Bergbauern ohne Zukunft!?	LV, UG	Folie, OHP
2	Überleitung	Einteilung der Klasse in fünf Gruppen à fünf Personen	---	---
10	Erarbeitung I	Schüler erhalten Rollenkärtchen und bearbeiten Arbeitsauftrag in Gruppen	GA	Rollenkärtchen, Arbeitsauftrag auf Folie, OHP
6	Präsentation	Von den Gruppen ausgewählte Schüler spielen Gespräch der Familie nach	Rollenspiel	---

8	Wiederholung/ Erarbeitung II	Die Schüler, die im Rollenspiel nicht aktiv waren, erhalten je ein Argument auf laminierten Kärtchen und bringen diese an die Tafel (vorbereitete Mindmap)	UG	laminierte Kärtchen
10	Sicherung	Schüler erhalten AB Mindmap und übernehmen Argumente von der Tafel auf das AB	EA	Tafel, AB
4	Abschluss	Abschließende Stellungnahme seitens der Schüler	UG	Folie, OHP

Beschreibung der Stunde

Wachsende wirtschaftliche Probleme der Alpenbewohner bilden auch das Thema der siebten Stunde: Bergbauern ohne Zukunft?! Der Einstieg erfolgt durch ein Bild eines Bergbauernhofes und der Frage, wie sich die Klasse ein Leben dort vorstellt (➔ *anstrengend, hart, unbequem*, möglicherweise aber auch positive Attribute). Durch ein Unterrichtsgespräch wird zum Thema der Stunde übergeleitet.
Anschließend erfolgt eine Einteilung der Klasse in fünf Gruppen. Die Schüler sollen ein Rollenspiel (vgl. Seydlitz, Geographie 2, S. 154f, verändert) vorbereiten, und anschließend von jeweils einem aus der Gruppe vorspielen. Aufgrund von Erfahrungen aus dem letzten Jahr werde ich die Rollen entsprechend den Geschlechtern verteilen. Die zahlenmäßige Verteilung von Jungen (14) und Mädchen (11) ermöglicht dies problemlos. Die Vorbereitung der Präsentation erfolgt mit Rollenkärtchen, aus denen die Gruppe ihre jew. Position erarbeiten muss. Wie in der vorangehenden Stunde ist die Aufgabenstellung während der Erarbeitungsphase am OHP sichtbar. Daraufhin trägt je ein Schüler, der von den Gruppenmitgliedern ausgewählt wird, der Klasse das Rollenspiel vor. Von dieser Methode verspreche ich mir eine größere Identifikation mit der Thematik.

Abb.:
Fünf Schüler spielen im „Familienrat" die Diskussion nach, ob die Bergbauernfamilie in die Stadt zieht oder nicht.

Um die gesamte Klasse in der Stunde zu aktivieren, erhalten diejenigen Schüler, die während des Rollenspiels die Beobachterposition hatten, die im Text enthaltenen Argumente auf vorbereiteten Magnetkärtchen. Daraus wird an der Tafel eine Mindmap erstellt.
Die im Tafelbild enthaltenen Argumente werden von den Schülern schriftlich auf einem vorbereiteten Arbeitsblatt gesichert. Sollten die Schüler zusätzliche Argumente für bzw. gegen das Weiterführen des Hofes finden, können diese in die Mindmap integriert werden.
Abschließend sollen die Schüler ihre persönliche Meinung äußern. Wahrscheinlich befürwortet die Mehrzahl der Schüler einen Umzug in die Stadt.

Auswertung

Stärken der Stunde

- Mit dem Rollenspiel wurde erneut eine der Klasse bisher unbekannte Methode eingeführt. Die Durchführung des Rollenspiels hat gut funktioniert, es entwickelte sich eine rege Diskussion. Der Konflikt innerhalb der Bergbauernfamilie wurde auf diese Weise sehr anschaulich dargestellt.
- Durch die Vorbereitung in Gruppen und die zweite Erarbeitungsphase wurden alle Schüler aktiv in das Unterrichtsgeschehen einbezogen.

Alternativmöglichkeiten/mögliche Probleme

- Diese Stunde habe ich in ähnlicher Form bereits im ersten Ausbildungsabschnitt unterrichtet. Damals sorgte die Rollenverteilung für Unmut in der Klasse, da die Jungen keine weibliche Rolle spielen wollten. Dementsprechend wurden die Rollen diesmal annähernd so verteilt, dass die Mädchen weibliche und die Jungen männliche Personen spielten. Da jedoch einige Schüler während dieser Stunde krank waren, mussten zwei Mädchen männliche Rollen spielen.
- Alternativ zum Rollenspiel würde sich auch ein Gruppenpuzzle anbieten. Bei dieser Methode findet die Sicherung normalerweise eigenständig in den Gruppen statt, was mir für eine sechste Klasse aber zu anspruchsvoll erschien.
- Die Zeit für die Ergebnissicherung war recht knapp bemessen, sodass die abschließende Stellungnahme der Schüler kürzer als geplant ausfiel. Hätte noch weniger Zeit zur Verfügung gestandenen, wäre die Ergebnissicherung durch abfotografieren des Tafelbildes erfolgt.

3.8. Achte Stunde: Wiederholung am Modell

Beschreibung der Stunde
Die achte Stunde dient zur Wiederholung der wichtigsten Inhalte der Unterrichtseinheit sowie zur Vorbereitung auf die anstehende Lernstandsdiagnose. Die Schüler sollen ihre Modelle der Klasse präsentieren und dabei jeweils auf eines der behandelten Themen genauer eingehen.

Im Modellbau haben die Schüler folgende Ergebnisse erzielt:

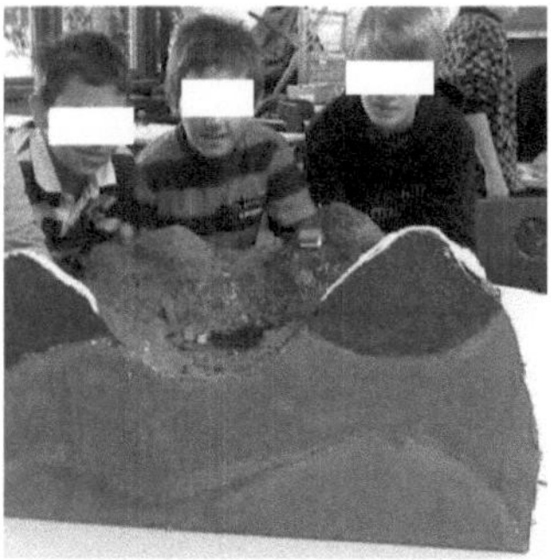	Die erste Gruppe hat eine Sommerlandschaft gestaltet. Ein Geländeaufriss schließt das Modell seitlich ab. Anhand dessen wurde die Entstehungsgeschichte der Alpen wiederholt.
	Gruppe zwei gestaltete ebenfalls eine Sommerlandschaft. Hier kamen die Höhenstufen noch einmal zur Sprache.
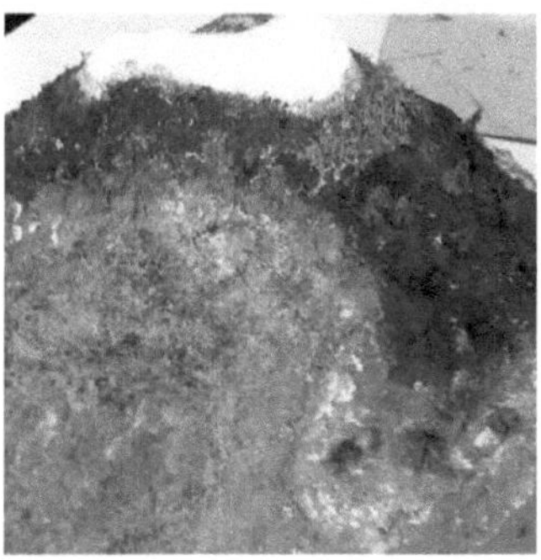	Gruppe drei hat sich für eine Herbstlandschaft entschieden. Sie erklärten der Klasse, wie ein Gletscher die Landschaft verändert.

	Die vierte Gruppe gestaltete ebenfalls eine Herbstlandschaft. Der Schwerpunkt ihrer Präsentation lag auf dem Abschmelzen der Gletscher und in diesem Zusammenhang auftretenden Naturgefahren.
	Gruppe fünf stellte eine Winterlandschaft nach. Sie wiederholten Inhalte zu Lawinen und zum Schutz des Bergwaldes.
	Die sechste Gruppe präsentierte ihre Frühlingslandschaft. Sie gingen besonders auf Nutzungskonflikte zwischen Naturraum und Tourismus ein.

➔ Die Inhalte der Unterrichtseinheit konnten in dieser Stunde sehr praxisnah und anschaulich wiederholt werden. Die Schüler haben ihre Modelle sehr gut präsentiert und waren stolz auf ihre Arbeitsleistung der letzten Wochen. Als solches war diese Stunde ein für Lehrer wie Schüler gelungener Abschluss des Themas.

4. Auswertung der Unterrichtseinheit

Im Gegensatz zum Lehrplan von 1994 enthält der Bildungsplan von 2004 für das Fach Erdkunde keinerlei raumbezogene Themenvorgaben – mit einer Ausnahme: Den Alpen. Sie werden als Beispiel eines Hochgebirges explizit genannt. Das unterstreicht die besondere Bedeutung dieses facettenreichen Natur- und Kulturraumes für den Unterricht. Weiterhin fordert der Bildungsplan einen anschaulichen Zugang – u.a. durch den Einsatz von Experimenten und Modellen –, um die Verflechtungen zwischen naturräumlicher Grundlage und Nutzungsmöglichkeiten durch den Menschen, sowie die potentielle Gefährdung für die Umwelt, aufzuzeigen.

Durch den Einsatz handlungsorientierter Methoden konnten die behandelten Themen anschaulich und wirklichkeitsnah dargestellt werden. Dazu zählten insbesondere die Schülerversuche zur Entstehung der Alpen sowie das Stationen-Lernen, anhand dessen sich die Schüler ausgewählte Aspekte glazialer Formung selbst erschließen konnten. Der spielerische Zugang (Rollenspiel, Podiumsdiskussion) zu den anthropogeografischen Themen trug ebenfalls dazu bei, im Alpenraum bestehende Probleme und Konfliktsituationen, praxisnah umzusetzen.

Während aller Stunden waren die Schüler hoch motiviert und engagiert, was in der „Lawinenstunde" den Höhepunkt erreichte. Dies zeigt die Begeisterungsfähigkeit von Kindern für diesen Naturraum. Des Öfteren hatte ich den Eindruck, dass die Schüler wirklich ins Staunen versetzt wurden. Genau das halte ich für einen wesentlichen Aspekt im Lehrerberuf: Kinder für ein Thema zu begeistern und ihnen Freude am Lernen zu bereiten. Der Einsatz neuer, den Schülern bisher unbekannter Methoden, hatte am Engagement der Schüler sicherlich auch einen wesentlichen Anteil. Nach Abschluss der Unterrichtseinheit habe ich die Klasse gefragt, wie ihnen das Thema Alpen und der Unterricht in den letzten Wochen gefallen hat. Daraufhin antworteten einige Schüler, dass *„jede Stunde aufs Neue spannend war, weil man vorher nie wusste, was heute drankommt"* und *„dass wir viel selber machen durften"*. Dies sehe ich als Bestätigung eines methodisch abwechslungsreichen und handlungsorientierten Zugangs.

Von besonderem Wert schätze ich den Bau der Geländemodelle ein. Aufgrund der im Bildungsplan für das Fach Bildende Kunst aufgeführten Kompetenzen, bietet sich eine Kooperation der beiden Fächer sehr gut an. Mein Stundenplan hat es mir erlaubt, an einer der beiden wöchentlichen Kunststunden selbst teilzunehmen. In dieser Zeit konnte ich beobachten mit wie viel Elan die Schüler versuchten, ein möglichst detailgetreues Modell einer Alpenlandschaft nachzubauen. Der Einsatz dafür ging weit über die Unterrichtszeit hinaus. Häufig brachten die Schüler in den Stunden eigene Ideen mit ein. Auch einige Eltern schienen sich für das Projekt zu begeistern. Sie opferten Teile der Modelleisenbahn oder bauten mit ihren Kindern kleine Bäume und Häuschen. Auf diese Weise entstanden – wenn auch keine maßstabsgetreuen, so doch anschauliche – Nachbauten der Gebirgswelt. Insbesondere konnte ich durch die Gespräche im Kunstunterricht aber überprüfen, inwiefern das Erlernte Fachwissen noch präsent ist. Dabei konnte ich feststellen, dass die überwiegende Zahl der Schüler die Inhalte des Geografieunterrichtes auch nach Wochen noch wiedergeben konnte.

Auch in der schriftlichen Überprüfung des Lernstandes erzielte die Klasse gute Ergebnisse. Der Durchschnitt lag bei 2,2. Um eine repräsentative Aussage zu erhalten müsste man selbstverständlich den Lernstand mehrerer Klassen vergleichen. Da ich jedoch keine Parallelklassen unterrichte, können diesbezüglich keine Aussagen getroffen werden. Zudem lässt sich erst über einen längeren Zeitraum sagen, inwiefern sich das Wissen bei den Schülern tatsächlich eingeprägt hat. Dennoch bin ich davon überzeugt, dass die Handlungsorientierung im Unterricht insgesamt zu einer nachhaltigeren Lernleistung beigetragen hat.

Trotz der positiven Resonanz bei den Schülern müssen für eine weitere Umsetzung in der Zukunft einige Aspekte bedacht werden. Der Wichtigste ist nach meinem Erachten der enorm hohe Materialaufwand. Die Vorbereitung der Stunden durch Gestaltung der Medien sowie Herrichtung des Fachraumes erfordern viel Zeit. Im gewöhnlichen Schulalltag, in dem die Lehrkraft möglicherweise durchgehend sechs oder mehr Stunden unterrichtet, stößt die Umsetzung der aufgeführten Stunden an ihre Grenzen. Exemplarisch sei hier auf die dritte Stunde verwiesen, in der eine Vielzahl an Medien und Material nötig ist. In diesem konkreten Fall müssen auch die Voraussetzungen zur Kühlung des Eises gegeben sein, sofern nicht die erste Stunde am Tag zur Verfügung steht. Weiterhin ist stets darauf zu achten, dass die Klasse in den entsprechenden Stunden verantwortungsvoll mit Material und Schuleigentum umgeht. Eine disziplinierte Klasse ist somit Grundvoraussetzung für die vorgestellten Stunden. Letzteres gilt auch für solche Stunden, in denen Diskussionsrunden stattfinden. Ansonsten ist das Erreichen der angestrebten Teilkompetenzen nicht möglich.

Ein weiterer nicht zu unterschätzender Aspekt ist der finanzielle Aufwand, der durch den Bau der Modelle entsteht. Insgesamt beliefen sich die Kosten für Lehrer- und Schülermodelle auf knapp 200€. Es mussten Spanplatten, Farben, Kleister, Leim, Klarlack sowie diverse Accessoires wie Sisalwolle, Islandmoos und Holzkügelchen angeschafft werden. Freundlicherweise erklärte sich meine Schule bereit, die entstandenen Kosten zu übernehmen, ohne den geringen Etat der beiden Fachschaften zu belasten. Aufgrund der sehr guten Ergebnisse, die die Klasse beim Bau der Modelle erzielt hat, sowie des Zugewinns für den Geografieunterricht, bin ich der Meinung, dass der entstandene zeitliche und finanzielle Aufwand berechtigt ist. In der Einbeziehung der Schülermodelle in den Geografiestunden liegt noch Entwicklungspotential für die Zukunft. In der vorgestellten Einheit kamen sie nur im Kunstunterricht, und in Geografie in der Wiederholungsstunde zum Einsatz. Ansonsten wurde auf das Lehrermodell zurückgegriffen. Weitere Versuche und Themen am Modell wären aber durchaus denkbar, wobei dann wiederum mit einem höheren logistischen Aufwand der Einzelstunden zu rechnen ist.

Die Kooperation zwischen Geografie und Kunst hat sich für beide Seiten als bereichernd herausgestellt. Vernetztes und fächerübergreifendes Unterrichten, konnte somit im Schulalltag umgesetzt werden. Seitens der Klasse wurde angeregt, die Modelle aus dem Kunstunterricht mit geografischen Erklärungen im Schulgebäude auszustellen, und dem Rest der Schulgemeinschaft ihre Arbeit zu präsentieren.

Abschließend lässt sich festhalten, dass es sowohl für die Schüler, als auch für mich als Lehrkraft eine gleichsam fordernde, wie gewinnbringende Unterrichtseinheit war, an der beide Seiten viel Freude hatten.

5. Literaturangaben

Bildungsstandards:

- Ministerium für Kultus, Jugend und Sport Baden-Württemberg (Hrsg.) (2004): Bildungsstandards für Geographie im Rahmen der Fächerverbundes Geographie – Wirtschaft – Gemeinschaftskunde, Gymnasium – Klassen 6, 8 10, Kursstufe
- http://www.bildung-staerkt-menschen.de/service/downloads/Bildungsstandards/Gym/Gym_Geo_bs.pdf
- Ministerium für Kultus, Jugend und Sport Baden-Württemberg (Hrsg.) (2004): Bildungsstandards für Bildende Kunst, Gymnasium – Klassen 6, 8 10, Kursstufe
- http://www.bildung-staerkt-menschen.de/service/downloads/Bildungsstandards/Gym/Gym_Bk_bs.pdf

---

Schulbücher:

- SEYDLITZ Geographie 2 (2005): Fächerverbund Geographie, Wirtschaft, Gemeinschaftskunde Baden-Württemberg, Schroedel
- TERRA Geographie 2 (2008): GWG Geographie Wirtschaft, Gymnasium Baden-Württemberg, Klett-Perthes

---

Fachliteratur:

- ABEGG, Bruno & Hans ELSASSER (1996): Klima, Wetter und Tourismus in den Schweizer Alpen. In: Geographische Rundschau, 48, S. 737-742.
- BÄTZING, Werner (2003): Die Alpen. München, Beck, 431 S.
- BÄTZING, Werner: Tourismus und nachhaltige Regionalentwicklung im Alpenraum. In: Geographische Rundschau, 48 (1996), S. 145-151.
- BAUER et. al. (2005): Physische Geographie kompakt. S.6-76
- LESER, Hartmut (2003): Geomorphologie. Braunschweig, Westermann, 424 S., (Das geographische Seminar)
- LESER, Hartmut (Hrsg.) (2001): Wörterbuch Allgemeine Geographie, Diercke
- LIEDTKE, Herbert & Joachim MARCINEK (Hrsg.) (2000): Physische Geographie Deutschlands. Gotha, 786 S.
- MAISCH, Max & Wilfried HAEBERLI (2003): Die rezente Erwärmung der Atmosphäre – Folgen für die Schweizer Gletscher. In: Geographische Rundschau, 55,2 S. 4-13
- WEBER, Markus & Ludwig BRAUN: Ursachen des Gletscherschwundes in den Alpen am Beispiel des Vernagtferners im Hinteren Ötztal. In: Geographie und Schule, 26=148 (2004), S. 21-27.

Internetquellen:[12]

- http://www.fherrgen.de/Spiele/Alpen/hoehenstufen1.jpg
- http://www.auer-home.de/alt/seite_oberstdorf/grafik_oberstdorf/01_oberstdorf_01.JPG
- http://de.wikipedia.org/w/index.php?title=Datei:Beech_trees_-_Buchen_14_September_2003.jpg&filetimestamp=20070717210340
- http://de.wikipedia.org/w/index.php?title=Datei:Laubwald_8_Juni_2003.JPG&filetimestamp=20071024103230
- http://www.tz-online.de/bilder/2009/04/07/157979/590146404-oetzi.9.jpg
- http://de.wikipedia.org/wiki/Lawine
- http://www.alpinisten.info/sicherheit.skitour.lawinentypen.html
- http://www.bergnews.com/service/verhalten-lawinenunfall/verhalten-lawinenunfall-lawinenarten.php
- http://www.powderguide.com/media/norm/Staublawine_lwd.jpg
- http://www.meteoschweiz.admin.ch/web/de/wetter/wetterereignisse/Maerz_2006_Vom_Winter_in_den_Fruehling.Par.0014.DownloadFile.tmp/gross.jpg
- http://www.slf.ch/lawineninfo/wochenbericht/2008-09/0123/Schneebrettlawine
- http://www.geographie.uni-stuttgart.de/exkursionsseiten/wallis_2001/html/lawinen/wallis_356.jpg
- http://www.ingrids-welt.de/reise/sa/bilder/kapdrive6.jpg
- http://www.vol.be.ch/site/fr/naturgefahren-schutzwaelder-bannwald-adelboden.jpg
- http://www.walser-museum.ch/typo3temp/pics/frauenkirch_9b33e4bf37.jpg
- http://www.groeden.info/de/lawinenkunde/layout/content/lawinen_schild2.gif
- http://anzeigervonsaanen.typepad.com/.a/6a00d8341c96c753ef01156e984c1b970c-300wi
- http://www.4teachers.de/?action=material&id=41259&sid=e661853da514d95944597fe0f312b322
- http://baileysontherocks.files.wordpress.com/2007/01/apres-ski-3.JPG
- http://www.picswiss.ch/Serie/kanone4.jpg
- http://www.valzeina.ch/tourismus/images/tourismus/gustir/AnsichtHof.jpg

---

6. Abkürzungsverzeichnis

AB	Arbeitsblatt
EA	Einzelarbeit
GA	Gruppenarbeit
LV	Lehrervortrag
L-Versuch	Lehrerversuch
OHP	Overhead-Projektor
PA	Partnerarbeit
S	Seite
SB	Schulbuch (= Seydlitz Geographie 2)
SV	Schülervortrag
S-Versuch	Schülerversuch
UG	Unterrichtsgespräch

[12] In chronologischer Reihenfolge nach dem Einsatz im Unterricht. Die verwendeten Bilder sind jeweils im Anhang durch Ausdruck belegt. [Stand, jew. 30.11.09]